LETTRE

ÉCRITE

*Par Me JEAN DENYSE,
Professeur de Philosophie au
College de Montaigu.*

A Monsieur BILLET, Chevalier,
Seigneur de FANIERES.

*Au sujet des Dissertations proposées par le
Testament de M. Roüillé de Mellay, sur
le Nivellement & les Longitudes.*

ONSIEUR.

Je vous renvoye le Testament de
Monsieur Roüillé de Mellay, en vous

remerciant de la lecture que vous avez
bien voulu m'en communiquer; je vou-
drois que vous fussiez aussi content de
mes refléxions sur ce Testament, que
j'ai lieu de l'être, & que je le suis en effet de la maniere obligeante dont vous
m'avez témoigné souhaiter d'avoir par
écrit ce que j'eus l'honneur de vous en
dire de bouche l'année passée, en nous
promenant au Luxembourg; lorsque
vous voulûtes bien m'instruire de ce
qui se passoit sur ce sujet aux Requêtes
du Palais, en m'invitant de venir en-
tendre plaider cette affaire. Mes occu-
pations ne me permirent pas d'y aller,
toutes les fois que j'aurois souhaitté;
mais dans les deux fois que j'y fus, je
reçus une satisfaction particuliere d'en-
tendre deux celebres Avocats raisonner
sur les matieres des sciences, avec une
capacité qui feroit croire qu'ils ont passé
leur vie dans l'étude, & la méditation
de la Philosophie. Cela me fit ressouve-
nir de ce que dit Ciceron: Que l'éloquence du Barreau doit embrasser tous
les arts & toutes les sciences, parce
que l'Orateur est obligé de parler sur
toutes sortes de sujets. Je passe icy tous
les autres articles du Testament en que-
stion, pour ne m'attacher qu'à celuy qui

LETTRE
ÉCRITE

Par M.ᶜ *JEAN DENYSE*,
*Professeur de Philosophie au
Collège de Montaigu.*

À Monsieur BILLET, Chevalier, Seigneur
DE FANIERES.

*Au sujet des Dissertations proposées par le
Testament de M. Roüillé de Meslay,
sur le Nivellement & les Longitudes.*

Du 26. Aoust 1718.

A PARIS.

Chez la Veuve LEFEBVRE, au
Palais, en la Grand-Salle, vis-à-vis la
Cour des Aydes, au Soleil d'Or.

____

M. DCC. XVIII.

regarde Meſſieurs de l'Academie des Sciences, lequel fait tant de bruit au Palais. Je ne devrois pas entreprendre de raiſonner ſur ce ſujet, après ce qui a eſté dit par les deux celebres Avocats que nous avons entendu : ils ont épuiſé la matiere ; mais puiſque vous ſouhaitez voir par écrit ce que j'ai eu l'honneur de vous en dire, je n'épargnerai pas plus ma plume que ma langue, quand il s'agira de vous ſatisfaire ; ſur tout puiſque la ſeule amitié que vous avez pour moy, produit en vous cet empreſſement.

Je ne ſuivray point icy l'ordre du Teſtament, mais je coucheray par écrit mes penſées, ſelon qu'elles viendront à mon eſprit. La premiere choſe qui me frappe, eſt ce Niveau univerſel que feu M. Roüillé de Meſſay ſouhaite que l'on cherche. M. Maſſé pretend qu'il eſt impoſſible de le trouver : M. Chevalier répond qu'il n'eſt pas impoſſible de le chercher, ni peut-être même de le trouver. Qu'il ne ſoit pas impoſſible de le chercher, cela ſaute aux yeux de tout le monde, & par cela même la condition du Teſtament n'eſt pas impoſſible. Peut-on le trouver ? C'eſt une queſtion plus épineuſe, & qui merite plus d'examen.

Pour proceder avec ordre à cette recherche, commençons par définir ce que c'eſt que ce Niveau que M. de Meſlay propoſe à chercher ; car dit excellemment Ciceron : *Quand on veut proceder à la recherche d'une choſe, il faut commencer par la définition de ce que l'on recherche, afin de ſçavoir ce que c'eſt que la choſe dont il eſt queſtion.*

Le Niveau dans la queſtion preſente me paroît être une diſtance égale entre pluſieurs choſes & le centre de la terre : de ſorte que quand deux ou pluſieurs choſes ſont également éloignées du centre de la terre, elles ſont au même niveau, quand elles ſont inégalement éloignées du centre de la terre, celle qui en eſt plus loin eſt au deſſus, & celle qui en eſt pl s proche, eſt au deſſous du niveau de l'autre. Suivons cette idée & voyons ſi elle pourra nous conduire à quelque choſe de ce que nous ſouhaittons. Eſt-il impoſſible de trouver les endroits de la ſurface de la terre, qui ſont plus, ceux qui ſont moins, & ceux qui ſont également éloignez du centre de cette même terre : ne peut-on point trouver un moyen general qui ſerve à cet uſage, ſur toute la ſurface de la terre? Voicy une penſée qui m'eſt venuë là-deſſus, que j'ai riſquée devant vous,

qui me paſſez aiſement les fautes qui
m'échappent, & que je riſque encore
d'écrire dans cette Lettre, que je ſup-
poſe que vous garderez ſecrette. Vous
me direz ſans doute que ſi cette penſée
eſt juſte, j'aurai gagné un des prix de
l'Académie ; mais je vous répondrai que
ma timidité ne me permet pas de me
comprom-ttre avec tant d'eſprits ſubli-
mes, de génies ſuperieurs, & de perſonnes conſommées dans les ſciences qui
vont prétend-e à ces prix. Je vous di s
donc, & vous écris en ſecret, ce qui
m'eſt venu dans l'eſprit, pour que vous
l'examiniez à voſtre loiſir, que vous y
faſſiez vos refléxions, & que vous ayez
la bonté de m'expliquer enſuite ce que
vous en penſerez.

Les eaux & tous les corps liquides
gardant entr'eux un équilibre, nous
devons croire que toutes les parties
de l'eau qui eſt contenuë dans un vaſe
ou elle n'a point de pente, & dans lequel elle ne coule point, ſont également éloignées du centre de la terre,
& par conſéquent ſont au même niveau.
Tou e la ſurface de l'eau d'un lac &
d'un étang eſt au même niveau ; il en eſt
à peu près de même de la ſurface des
eaux dans la pleine mer, lorſqu'elle eſt

calme, il paroît qu'il doit en être de même de la surface de l'air ; mais il n'en est pas de même de la surface d'une riviere à sa source & à son embouchure, celle-là doit être au-dessus du Niveau de celle-ci, & c'est ce qui la fait perpetuellement couler.

Suivant cette pensée le Baromêtre ne pourroit-il point nous fournir un moyen pour trouver ce Niveau. Nous remarquons deux sortes de variations dans le Baromêtre, l'une suivant les differentes temperatures de l'air, l'autre suivant les différentes élévations des lieux où le Baromêtre est placé. Dans tous les lieux ou l'on fait l'experience du Baromêtre, il y a la plus grande & la plus petite élévation du mercure. Il y a aussi de la difference entre la plus grande élevation du Mercure dans un lieu, & la plus grande élévation dans un autre lieu, selon que l'un de ces lieux est plus élevé que l'autre. Il en est de même entre la plus petite élevation dans l'un, & la plus petite élévation dans l'autre de ces mêmes lieux. Par exemple, je suppose qu'à Clermont en Auvergne la plus grande élevation du Mercure soit de 26 pouces 3 lignes & demie.

qu'à Paris elle soit de 28 pouces 3 lignes & demie. La difference sera de deux pouces, c'est-à-dire, de 24 lignes, ce qui fera voir que Paris est audessous du niveau de Clermont en Auvergne, ou que Paris est plus proche du centre de la terre que Clermont en Auvergne. Et pour mieux s'assurer de ce moyen, il faudroit faire l'experience sur le plus d'endroits differens de la mer que l'on pourroit, car la surface des eaux de la mer devant être au même niveau, si la plus grande élévation du mercure est égale par tous les endroits de la pleine mer lorsqu'elle est calme, ce sera une marque que le moyen proposé est sur. Tous les endroits de la terre où la plus grande élévation du Mercure sera moindre, seront plus hauts ou plus loin du centre de la terre, & ceux où elle sera plus grande, seront plus bas ou plus proches du centre de la terre. Il ne s'agira plus que de sçavoir de combien ils seront plus bas ou plus hauts & voici le moïen de faire cette supputation & d'approcher du moins bien près de ce que l'on cherche.

Suivant les experiences faites par M. Perrier à Clermont en Auvergne à la priere de M. Pascal au mois de Septembre 1648 sur des lieux differemment élevés, il se trouva qu'au plus bas lieu, où l'experience fut faite, le Mercure étoit resté à la hauteur de 26 pouces 3 lignes & demie, qu'à sept toises au-dessus de ce plus bas lieu, il étoit resté à la hauteur de 26 pouces trois lignes, qu'à 27 toises au-dessus de ce même lieu le plus bas, il demeuroit à la hauteur de 25 pouces une ligne, qu'en un lieu élevé de 150. toises au dessus du plus bas, il demeuroit à 25 pouces, & qu'en un lieu élevé de 500 toises au-dessus de ce plus bas, il se trouvoit à la hauteur de 23 pouces 2 lignes. Tellement que 7 toises de difference dans la hauteur des lieux, donnoient une demie ligne de difference dans la hauteur du vif argent, 27 toises donnoient deux lignes & demie, 150 toises 15 lignes & demie, c'est-à-dire, un pouce trois lignes & demie, & 500 toises donnoient trois pouces une ligne & demie, ou trente-sept lignes & demie.

Je croirois assez volontiers que la supputation de Monsieur Perrier pour les toises n'étoit pas juste ; car si sept toises ont donné une demie ligne de difference, il faudroit plus de 27 toises

pour donner deux lignes & demie ou
cinq demi-lignes, il en faudroit du
moins 5 fois 7 c'est à-dire, 35. De même, il faudroit plus de 1 o toises pour
donner 15 lignes & demie ou 31 demi-
lignes, il faudroit 31 fois 7 toises, c'est-
à-dire, 217 & il faudroit plus de 500
toises pour donner 37 lignes & demie
ou 75 demi-lignes, il faudroit au
moins 75 fois 7 toises, c'est-à-dire,
525; mais on pourroit faire ces suppu-
tations avec soin ; car il y a des regles
pour mesurer les hauteurs d'un lieu au-
dessus de l'autre, quand ces lieux sont
continus l'un à l'autre, par exemple,
la hauteur du somm t au-dessus du pied
d'une montagne. Or il y a apparence
que M. Perrier n'avoit pas pris la peine
de faire ces mesures, mais qu'il avoit
estimé ces hauteurs à vûë seulement.

J'ai dit qu'il faudroit au moins 75
fois 7 toises pour donner 75 demi-lignes de difference; car il paroît qu'en
montant ; il en faudroit davantage,
puisqu'à mesure que l'on descend, l'air
est plus foulé, ayant a soutenir la char-
ge de celui qui est au-dessus de lui.
Chaque toise doit contenir plus d'air,
& par conséquent peser davantage.
Mais les Savans pourroient s'appliquer

à examiner qu'elle progreſſion cette
plus grande peſanteur de chaque toiſe
ſuivroit en examinant la progreſſion des
differences dans les hauteurs du Mercure.

Il reſte encore une difficulté qu'il
faut lever avant de paſſer outre. Si ſept
toiſes ne donnent qu'une demi-ligne
de difference dans la hauteur du vif
argent, le Barometre ne ſera pas d'u-
ſage pour trouver les penchans des lieux
& établir les communications des eaux,
qui eſt le but de M. de Meſſay. Car
comment trouvera-t'on les deffirences
qui ſeront d'une toiſe, d'un pied. Les
differences entre les élévations du Mercure ne ſeront pas ſenſibles.

Vous voyez déja ſans douce la ré-
ponſe, & vous me prévenez. Ce ſ roit
beaucoup de trouver le Niveau des differens lieux de la terre à ſept toiſes
prés. Mais outre cela le Barometre double viendroit au ſecours du ſimple : tout
le monde ſçait ce que c'eſt que le Barometre double; c'eſt un tuyau recour-
bé dont une branche eſt exactement
fermée, ou ſelon le langage des Phi-
loſophes, ſcellée hermétiquement par
le haut & finit par une boëte conſiderablement plus large que le reſte de la

branche. L'autre branche eſt ouverte par l · haut, & a au · vers le bas une boëte conſiderablement plus large que le reſte de cette branche. On emplit de vif argent la b anche fermée par le haut , & en mettant le Barometre dans ſa ſituation naturelle , le vif ar- gent demeure dans la branche fermée à une certaine haut ur ; Par exemple à 17 ou 18 pouces au-deſſus du niveau du vif argent q i eſt dans l'autre branche. Le vif argent monte ou deſcend dans cette boëte qui eſt au haut de la bran- che fermée ſelon les differ ntes tempe- ratures de l'air , & les diff rentes hau- teurs des lieux ou ſe f it l'experience, comme dans le aromerre ſimple. Si les deux boëtes ſont égales en largeur, le vif argent ne pourra deſcendre dans l'u- ne de ce boëtes qu'il ne monte d'u- ne pareille quantité dans l'autre. On met par-deſſus le vif argent contenu dans la boëte qui eſt au bas de la bran- che ouverte , de l'eau commune mêlée d'eau forte, dans laquelle on a fait diſſoudre du cuivre, ce qui fait monter le vif argent contenu dans la branche fermée un peu plus au-deſſus du ni- veau de celui qui eſt dans l'autre bran- che, qu'il ne faiſoit auparavant. Cette eau eſt mêlée d'eau forte afin qu'elle ne ſe gele point pendant l'hyver , & que le tuyau ne ſe caſſe pas ; on fait diſſoudre du cuivre dans cette eau forte , ce qui lui donne une couleur, par le moyen de laquelle on peut remarquer plus aiſémen les differentes hauteurs de cette eau. Lorſque le vif argent deſcend d'une ligne dans la boëte qui eſt au haut de la branche fermée , il monte d'une ligne dans la boëte qui eſt au bas de la branche ouverte, ces deux boëtes étant d'un égal diametre ; mais il ne ſçauroit monter d'une ligne dans cette boëte , qu'il ne faſſe monter de bien plus d'une ligne l'eau qui eſt dans le reſte de la branche, lequel eſt bien plus étroit que cette boëte : par exemple ſi cette beëte eſtoit 42 fois plus large que le reſte de la branche , le vif argent ne pourroit monter d'une ligne dans la boëte ſans faire monter de 42 lignes l'eau du reſte de la branche, & comme les ſept toiſes de difference dans la hauteur des lieux donnent une demi ligne dans la difference de l'éleva-tion du Mercure , elles donneront 42 demi-lignes ou 21 lignes dans la diffe-rence des élevations de l'eau ; & ces ſept toiſes faiſant 42 pieds , il s'enſuit

qu'une demie ligne de difference dans
l'élevation de l'eau donnera un pied
de difference dans la hauteur des lieux,
& les boëtes pourroient eftre fi larges,
en comparaifon du refte des branches,
que l'on pourroit rendre fenfibles les
moindres differences dans les hauteurs
des lieux. Voilà, Monfieur, en abregé
ce qui m'eft venu en penfée , & ce
que j'avo s déja eu l'honneur de vous
dire au fujet du Niveau univerfel.

La feconde chofe qui ma fait im-
preffion dans le Teftament de Monfieur
de Meflay, c'eft la recherche des longitudes fur la mer. On a déja trouvé à peu
prés les latitudes ; Monfieur de Meflay
fouhaiteroit encore quelque chofe de
plus exact. Pour ce qui regarde les
longitudes , elles font plus difficiles à
trouver que les latitudes , parce que
les longitudes fe trouvent en obfer-
vant les éclypfes de la Lune ou des fa-
tellites de Jupiter,& remarquant l'heure
qu'il eft à chaque lieu où l'on fait l'ob-
fervation au commencement au milieu
& à la fin de l'éclypfe. Car s'il eft , par e-
xemple,onze heures à Lifbonne & minuit
à Paris,au moment précis qu'une éclypfe
commence , Paris & Lifbonne different
de quinze degrez de longitude ; mais

comme les horloges ne s'accordent pas, que les meilleures pendules changent, que le transport même contribuë à augmenter ce changement, il est difficile de déterminer au juste les longitudes; si l'on trouvoit donc le moïen d'approcher la connoissance des longitudes de celle que l'on a des latitudes, ce seroit déjà quelque chose. Il seroit à souhaiter pour cet effet de trouver une horloge invariable, unique dans l'univers, & que l'on pût la voir de tous les endroits differens qui sont sur la terre & sur les eaux. Cette horloge est-elle impossible, c'est ce qu'il faut voir?

Le monde lui-même est la premiere de toutes les horloges, & ce n'est que pour tâcher de mesurer ses mouvemens que l'on a inventé les autres horloges. On peut voir le Ciel de tous les endroits du monde ; or on se sert du Ciel même pour connoître quelle heure il est à chaque lieu où l'on se trouve. On observe la hauteur de quelque étoile fixe sur l'horizon avec la latitude du lieu où l'on est: on sait par le calcul astronomique, le lieu de l'eclyptique où le soleil est chaque jour, on sçait par là l'aspect du soleil à chacune des étoiles fixes, dont on a observé la hauteur sur

l'horizon

l'horizon, on trouve par ce moyen la quantité dont le soleil est sous l'horizon, & dont il est éloigné de la partie inferieure du meridien; ainsi on sçait mieux quelle heure il est, que par aucune horloge. En perfectionnant encore les instrumens dont on se sert pour ces observations astronomiques, on auroit & les longitudes & les latitudes plus exactement qu'on ne les a.

La troisieme chose que j'ai remarquée dans ce Testament, c'est le *Traité Philosophique*, *qu'il demande, ou la dissertation, touchant ce qui contient, soutient & fait mouvoir en son ordre les Planettes & autres substances contenuës en l'Univers, le fond premier & general de leurs productions & formations, le principe de la lumiere & du mouvement.*

Vous vous souvenez mieux que moi des savans Ouvrages citez sur ces matieres par M. Chevalier Avocat de Messieurs de l'Académie des Sciences, entr'autres les œuvres de M. Descartes, qui forme l'Univers de trois Elemens. Vous savez quelle source feconde de savantes dissertations le celebre & savant Avocat dont je viens de parler, a indiquée, & de combien de beaux Ouvrages il a tracé le plan.

Vous ſavez auſſi que je donne actuel-
lèment un Traité, qui a pour titre : *La
nature expliquée par le raiſonnement &
par l'experience* ; dans la premiere Partie
duquel après avoir montré que l'étenduë eſt une vraye ſubſtance, d'où il s'enſuit qu'elle eſt le fond premier & general de toute la nature corporelle, j'exa-
mine la nature du repos & du mouvement. Je démontre, ou du moins je croi
démontrer que le mouvement eſt dans
la nature corporelle par une cauſe in-
corporelle, que toute la nature corporelle tend d'elle même au repos, que
quand un corps eſt une fois en mouvement, lequel mouvement doit toûjours
lui eſtre conſervé, par une cauſe étran-
gere, il peut mouvoir un autre corps :
mais que cet autre corps ne doit conſer-
ver ce mouvement, qu'autant de tems
que le premier le pouſſe devant lui, &
que l'un ceſſant d'être dans la direction
de l'autre, l'un reprend ſon repos, &
l'autre ſa premiere viteſſe. J'établis pluſieurs regles, & je decouvre un grand
nombre de proprietez du mouvement,
deſquelles je déduis qu'il doit y avoir
dans toute l'étenduë de l'Univers deux
ſortes de parties, les unes qui ayent reçu
immediatement de Dieu le mouvement;

& je donne à ce mouvement le nom de *primitif*, que ces parties ont toujours le mouvement, qu'elles & toutes les parties de parties à l'infini qui les composent sont liquides, & qu'elles doivent toutes ensemble composer un grand liquide, dont aucune partie ne soit dure, je donne à ce liquide le nom d'*Ether*. Je déduis aussi qu'il doit y avoir d'autres parties dans cette même étenduë, qui n'ayent point le mouvement primitif, & qui ne reçoivent le mouvement que des premieres ; je nomme ce mouvement *derivé*, que ces parties, qui d'elles-mêmes seroient molles, deviennent par la pression de l'Ether qui les environne, les plus durs de tous les corps, & même indivisibles aux forces de toute la nature corporelle. Je leur donne le nom d'atomes dans un sens bien different de celui des Epicuriens & des Gassendistes. Supposé que j'aye le bonheur d'avoir démontré tout ce que j'avance, je croi que l'on aura la premiere cause, qui fait mouvoir les planettes ; car outre Dieu qui est la cause absolument premiere, on aura l'Ether, comme la premiere de toutes les causes, qui sont renfermées dans la nature corporelle, ou dans la machine de ce monde visible.

On aura le fond premier de tous les corps du monde, tant de l'Ether que des autres corps, savoir l'étenduë : on aura le fond premier & general des productions & formations des Planettes, & de tous les autres corps differens de l'Ether, savoir les atomes. L'Ether cause de la pesanteur, soûtiendra chaque Planette, au centre de son tourbillon, selon les regles que je tâche de démontrer dans cet Ouvrage. Les apogées & perigées, & les irregularitez des approches ou éloignemens des Planettes, tant à l'égard les unes des autres, qu'à l'égard de la terre, pourront venir dans un autre Ouvrage. Je tâche de donner à ce Traité le même ordre geometrique que j'ai donné au Traité de la Verité de la Religion Chretiènne, qui parut il y a un an. Plusieurs personnes ont été choquées du titre que je lui ai donné, pretendans que la Geometrie ne peut demontrer la verité de la Religion Chretiènne : mais ces personnes font voir qu'elles n'entendent pas ce que c'est que l'ordre geometrique.

Il ne faut pas confondre l'ordre geometrique avec la Geometrie. La Geometrie est un science qui apprend la maniere de mesurer les trois dimensions, *lon-*

gueur, largeur, & profondeur. L'ordre geometrique eſt une methode par laquelle on apprend une ſcience, en commençant par ce qui eſt clair & connu, allant de-là à ce qui eſt inconnu, n'avançant point un ſeul pas, que l'on ne ſoit certain de ce que l'on dit, & ne laiſſant rien en arriere qui ne ſoit, ou clair par ſoi-même, ou clairement prouvé. Cette meth de n'eſt point particuliere à la ſeule Geometrie ; elle appartient à toutes les ſciences & à toutes les veritez qui peuvent être évidemment prouvées. Ce qui lui a fait donner le nom d'ordre geometrique, c'eſt que la Geometrie eſt la premiere ſcience dans laquelle on s'eſt aviſé de ſe ſervir de cette methode. Je vous fais obſerver ceci en paſſant, parce que vous pourrez trouver en votre chemin des perſonnes prévenuës contre cet Ouvrage, par cette mauvaiſe raiſon.

Je m'apperçois que je ſuis long ; je ne vous dirai plus qu'un mot ſur le Teſtament de M. de Meſlay : c'eſt grand dommage que M. Chevalier n'ait pas eſté informé de la fondation des Bourſes de nôtre College de Montaigu, il n'auroit pas manqué de la faire bien valoir, avec ſon éloquence ordinaire, & je m'aſſure qu'elle luy auroit fait dire mille jolies choſes.

Cette fondation porte non ſeulement que les Bou ſiers feront toujours maigre, mais qu'ils jeûneront perpetuellement, à l'exception d'un petit morceau de pain qu'on leur donne le matin à déjeûner ; car ils ne goûtent jamais, & ne font le ſoir qu'une legere collation, avec une pomme, ou un petit morceau de fromage. Ces jeunes gens ne ſont cependant point faits pour être Chartreux, Camaldules, ni de la Trappe, non plus que ceux à qui M. de Meſlai fait du bien par ſon Teſtament. Ce ſont des Etudians qui ont beſoin d'être ſoûtenus par de bonnes nourritures. Si M. de Meſlay le fils eût eſté heritier du Fondateur de ces Bourſes ; il auroit pretendu ſans doute faire caſſer la fondation. Cependant elle tient à chaux & à ciment. Les plus puiſſans Magiſtrats n'ont pas même pu trouver le moyen de la faire changer en une plus douce, parce que le Fondateur veut que ſitô qu'on entreprendra de l'adoucir, tous les biens deſtinez pour ce ſujet, appartiennent à l'Hôtel-Dieu. Ce n'eſt pas là une ſimple exhortation, comme celle du Teſtament de M. de Meſlay.

Je finis cette Lettre & mes Reflexions,
en vous assurant de ce que vous savez
bien, il y a plus de 28. ans, savoir que je
suis, avec une estime parfaite,

MONSIEUR,

Vôtre très-humble & très-obéïssant
Serviteur D E N Y S E,
Professeur de Philosophie au
Collège de Montaigu.

Approbation.

J'AY lû par ordre de Monsieur le Lieutenant General de Police, une Lettre écrite à Monsieur Billet, Chevalier, Seigneur de Fanieres, au sujet des Dissertations proposées par le Testament de M. Roüillé de Meslay, sur le Nivellement & les Longitudes, dont on peut permettre l'impression. Fait à Paris ce 17. Aoust 1718.

PASSART.

VEU l'Approbation du sieur Passart, permis d'imprimer, ce vingt-huit Aoust 1718.

DE MACHAUT.